好奇心书系
鹿角丛书

夜色中的精灵

SPRITE IN THE NIGHT

钟茗 奚劲梅 著

重庆大学出版社

图书在版编目（CIP）数据

夜色中的精灵／钟茗，奚劲梅著.--重庆：重庆大学出版
社，2019.10
（好奇心书系.鹿角丛书）
ISBN 978-7-5689-1496-3

Ⅰ.①夜⋯　Ⅱ.①钟⋯　②奚⋯　Ⅲ.①昆虫学—普及读物
Ⅳ.①Q96-49

中国版本图书馆CIP数据核字(2019)第194497号

夜色中的精灵
YESE ZHONG DE JINGLING

钟　茗　奚劲梅　著
策划编辑：梁　涛
策　　划：鹿角文化工作室
责任编辑：夏　宇　　版式设计：周　娟　刘　玲
责任校对：万清菊　　责任印刷：赵　晟

*
重庆大学出版社出版发行
出版人：饶帮华
社址：重庆市沙坪坝区大学城西路21号
邮编：401331
电话：(023) 88617190　88617185（中小学）
传真：(023) 88617186　88617166
网址：http://www.cqup.com.cn
邮箱：fxk@cqup.com.cn（营销中心）
全国新华书店经销
重庆共创印务有限公司印刷

*
开本：889mm ×1194mm　1/16　印张：10.25　字数：210千
2020年1月第1版　2020年1月第1次印刷
印数：1—5 000
ISBN 978-7-5689-1496-3　定价：68.00元

坚守的力量

很高兴看到重庆大学出版社推出的《夜色中的精灵》一书,这本凝聚了昆虫摄影家钟茗十多年心血的书,终于与大家见面了。

翻开这本书,相信每一位读者踏上的将是一次异乎寻常的视觉之旅。钟茗的昆虫图片在合理还原物种的前提下更多带来的是唯美和诗意,十多年里他也一直致力于摄影技术与艺术的不断创新和完善。毋庸置疑,《夜色中的精灵》将影响甚至改变普通公众对昆虫的看法。更难能可贵的是,该书不仅仅局限在展示昆虫之美这个层面,更透过执笔者奚劲梅既有艺术渲染力又不偏离生态关怀立场的自然写作方式,把读者引入一个有关生命和环境厮磨的精神层面,让我们领会到昆虫拍摄更深层次的意义。

昆虫、植物以及环境,它们在自然法则下有着密切的依存关系,有着属于自己的生存密码。它们的世界虽然微小,但精彩未减分毫。要想了解这个六足世界,我们就要抛开实用主义想法,以同等的视觉姿态走近它们,耐心倾听它们的私语。珍·古道尔博士曾说:"唯有了解,才会关心;唯有关心,才会行动;唯有行动,生命才有希望。"在作者身上,我看到了一种近似于"宗教"般的情怀,那是对昆虫的关注、关心、关爱之情。与昆虫的缘分有很多种,记录昆虫的方式也有很多种,钟茗把他的昆虫摄影定位在拍摄出昆虫最美丽的一面,他和奚劲梅都是很认真地在做自己喜欢的事情。

《夜色中的精灵》一书的出版,无疑一剂绝佳的清凉配方,给了我们慢下来、静下来的理由,借此来修正我们日常过于浮躁的步履。它也告诉我们,只要坚守,就会有收获!终有一天你会发现,精彩世界原来就在你身边。

奚志农
2018 年 5 月于大理韬园

聆听精灵的碎语

它们是这个星球上数量最多、最为成功的动物，几乎遍及世界陆地的每个角落。无论是个体数量还是物种量，在生物多样性的环链上它们都占有十分重要的地位。它们的存在超过了四亿年，拥有比人类更多与这片土地交谈、交心的机会，而它们一生的主要目的，只为寻找一株可以放心让子孙攀附、觅食的植物。它们就是节肢动物门中的昆虫。

对于很少关注昆虫的人而言，本书里的精灵——影像中那些六足的小生命，是一个全然陌生的宇宙，一个令他们心跳不已甚或心惊胆战的宇宙。也许更重要的原因是，长期以来我们习惯了面对人，而不习惯面对其他生命。于是，即使它们就在你身旁，你也意识不到它们的存在。而事实是，上帝并非专为人类创造了柑橘树，星天牛和柑橘凤蝶难道就不是上帝的子民？

昆虫与人类的关系复杂而密切，有的昆虫为人类提供了丰富的资源，有的却给人类造成了深重的灾难。它们身躯微小，同其他动物相比不够夺目，"害虫"的标签，卑微的身份，往往令许多听见、看见它们的人露出厌恶的表情，可这难道是昆虫的错？如果你能"屈尊"身体匍匐地面；或者，抬起头来去留意树梢和叶的背面——那些仅有几毫米到几十毫米不等的、拍虫人眼中的珍宝，相信你一定能发现昆虫身上丰富而不同寻常的美。

"为什么拍照？为什么摄影？你的影像能够做什么？""野性中国"创始人奚志农老师曾这样问。透过书中所呈现的这些影像，相信你一定能在书中找到答案，找到影像里诠释的"昆虫学外的昆虫世界"；相信你也一定能够感受到拍摄者对昆虫"上穷碧落下黄泉"的那份执念。

世间所有的相遇都不是偶然，静下心来，让我们一起聆听精灵的碎语，在影像的维度里贴近昆虫、贴近自然。

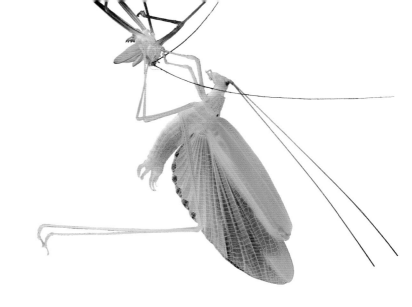

目录 Contents

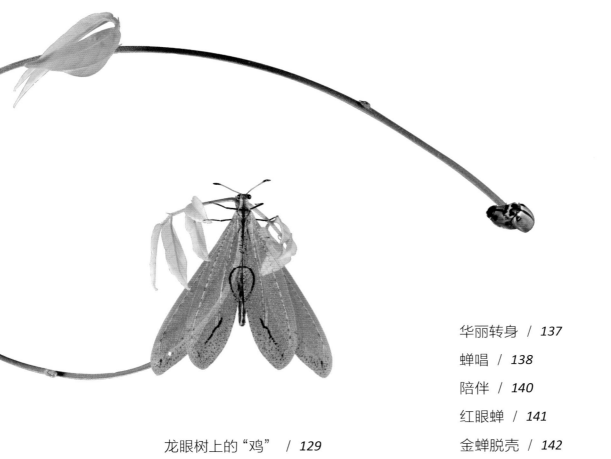

白蚁之死 ↗ BAIYI ZHI SI

　　立夏后的 5 月 30 日下午，徒步在四川西南部的山中，无意中的回眸，路旁水塘里一池美丽的图案吸引了我，那是静静浮在水面上无数死去了的白蚁。在过往的拍摄经历中，从未遇见过这样的情景。这令我迫不及待地放下背包，拿出相机，从所有可能的角度去拍摄。

　　那天当我离开时，依旧沉浸在一种无以言表的情绪中，有兴奋亦有感悟，或许生活就是这样，正如泰戈尔所说："生如夏花之绚烂，死如秋叶之静美。"

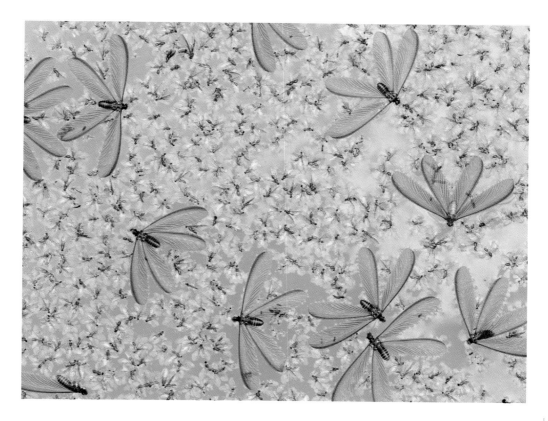

YUNLÜ ↗ 韵 律

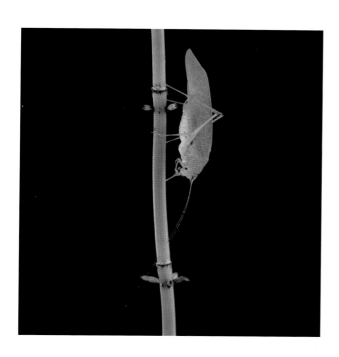

夏夜的华山村，虫子们在吹口哨：有的绵密，有的诡异，有的幽微……

来此夜拍的摄友们常常乐于分享这样的时刻。

如果要评选夜晚最佳"美哨声"，螽斯一定高居榜首。而两只"美哨声"的和音，像极了音乐中的纯五度和声，空灵又充满期待。

虫子们身躯微小，但声音却非常醒耳。耳醒则心苏，心苏则常有奇思妙想——在音乐未诞生之前，这世上最美妙的声音，是经由这些虫子发出的呢。

"五月斯螽动股，六月莎鸡振羽。"身处乡野，对于拍虫人来说，更能切身领会《诗经》中的这部田园诗，来自旷野的交响曲。

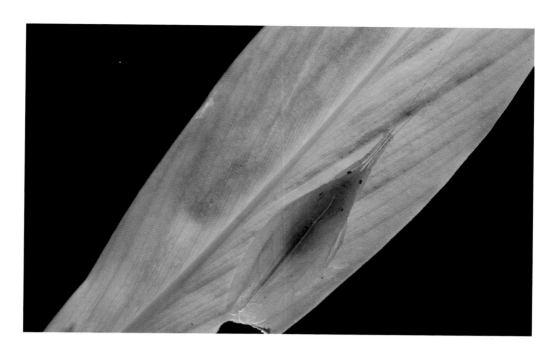

"一亩三分地"中的
圣女果与螽斯

人到中年，向往着"一亩三分地"的田园生活。陶渊明《归园田居》描写的"方宅十余亩，草屋八九间"不敢奢望，但"晨兴理荒秽，带月荷锄归"渐渐成为我的日常。

小院不大，四周除了栽有花树，还零星开辟了几块小地种植时令蔬菜。这些小庄稼不仅供访友品尝，有时又成为各种昆虫暂歇的地方，常会有意想不到的惊喜。

圣女果与螽斯，以前它们是如何被定义的，其实并不重要。普通的吃食遇上普通的昆虫，你能说是谁陪衬谁吗？只要记得在镜头凝视下的那一刻，它们相依映照而焕发出的生命辉光。

蠢斯的
节气之歌

ZHONGSI DE
JIEQI ZHI GE ↗

　　小暑之日，狗都懒得动，趴在房檐阴下吐着舌头喘气。邻家的老母鸡，也不再乱窜到地里把土刨得四处飞，而像呆了一般站在鸡窝旁一动不动。村边河沟里的孩子们更多了，一个个晒得泥鳅般黑黑的，浸在水里大半天不肯上岸。"小暑之日温风至"，古书说的温风该是难挨的暑气蒸腾吧。

　　"二候蟋蟀居宇。"这个时候的蠢斯受不了暑热也开始搬家了，墙角、走廊、过道、门缝，到处是它们的虫影。这只有着醒目红唇，通身呈时尚亚麻色的蠢斯当时就躲在院子里的一堆白菜里纳凉。

　　虫子比现代人更能感应四时节气。

　　入夜，白菜里传来歌声，那是蠢斯的节气之歌；是日出而作、日落而息的农事之歌；是农耕时代的节日之歌；更是现代人身不能至、心向往之的诗意之歌。

暗夜里的
另一种对话

ANYE LI DE
↗ LING YIZHONG DUIHUA

要说在草丛里鸣叫的昆虫，音色最纤柔、最耐听的，一定是蟋蟀或螽斯一类的。这些家族的成员，从体形看，有胖有瘦，有短有长；从体色看，有绿色系和棕色系；从生长期看，从惊蛰一直到初冬，都有它们的身影。

尽管在体形、体色、生命周期上有差异，但它们有着显著的共同特征——比身体长一倍多的纤细触须和超强的弹跳力。此外，它们还喜欢搬家，远古先民最有研究，《诗经》里就这样唱道："七月在野，八月在宇，九月在户，十月蟋蟀入我床下。"

"明月皎夜光，促织鸣东壁。"纺织声如今鲜有耳闻，但透过图片，我们仿佛听到了"织——织——织"的节奏回响，那是镜头与虫子在暗夜里的另一种对话。

"彩虹糖"之梦

夜晚拍摄昆虫,常常有许多"小家伙"会跑到灯下来凑热闹,仿佛排队等着给它们拍标准照,"彩虹糖"上的螽斯就是耐心排队的成果。

记得当时正在拍摄另外的昆虫,并没有在意这只螽斯,可小虫子就一直耐心地立在那层"糖果珠帘"上打量着我的拍摄,似观赏似试探,不得而知。等拍完起身,看见它还立在那一堆五彩"糖果"后面,顿生拍意。

杨万里有"千峰故隔一帘珠"的诗句,隔着这层"糖果珠帘",仿佛最终满足了螽斯的"彩虹糖"之梦。

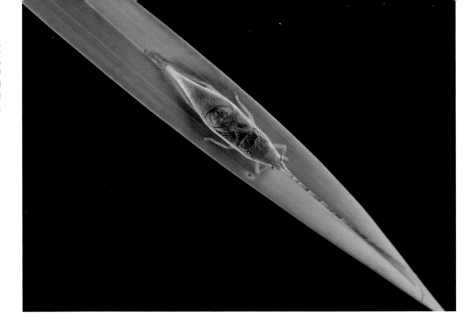

暗夜"交警"

ANYE JIAOJING ↗

　　说起昆虫的情调与优雅，直翅目家族中的蟋蟀算是佼佼者——轻薄透明、兼有绢纱质感的翅膀，纤细如丝、自然弯曲的触角，叫声清幽、不疾不徐的鸣唱。但有些时候，它们的行为又具有某些喜剧元素，比如拍摄中的这只梨片蟋。

　　夜晚灯下，这只停在棕榈科植物叶子上的梨片蟋很好玩。左边的触须一直有节奏地往左伸展呈水平直角然后又竖回，往复多次，乐此不疲，就像一名交警，一直在指挥：向左——转！要是在车水马龙的都市，它这样的交警不知道会不会让城市陷入交通大瘫痪。

秋歌者——纺织娘

QIUGE ZHE
FANGZHINIANG

蝉之夏曲，纺织娘之秋歌。

纺织娘俗称络丝娘、绿纱娘，古名络伟。8—9月是它们的多发期。白天，它们总是懒洋洋地待在南瓜或丝瓜的花瓣里，到了黄昏和夜晚，它们精神就来了，爬行至瓜藤的上部枝叶活动。纺织娘的鸣声很有特色，能发出像纺车转动的声音，韵味悠长。它还善于跳跃，瓜藤间纵身一跃，没入草丛便无踪可寻。小时候最喜欢在瓜藤草间跟这些跳跃没有章法的小家伙们较劲，为了能捉到一只纺织娘以便

在小伙伴中炫耀，宁愿冒着晚归被大人训斥，甚至被罚不准吃饭也在所不惜。

"秋天到了，纺织娘寄住在他们屋前的瓜架上。月明人静的夜里，它们便唱起歌来：'织，织，织，织呀！织，织，织，织呀！'那歌声真好听，赛过催眠曲，让那些辛苦一天的人们，甜甜蜜蜜地进入梦乡。"陈醉云的《乡下人家》勾起的不仅是现今孩子们的向往，更是成人世界对童年情趣的追忆。

蝗虫速写

在昆虫界，可以让人过目不忘的"大嘴明星"，蝗虫算其中之一。蝗虫的大嘴巴，标准术语叫口器，它是蝗虫的取食器官。

仔细观察"大嘴明星"的面部会发现：头上有两根触角，有点像指挥家的指挥棒，这对指挥棒兼具触觉和嗅觉的作用。头部两侧是一对凸起的复眼，它们是敏锐的视觉来源。头部还有起感光作用的三只单眼，两只在头顶，位于触角和复眼中间，第三只在额头靠"鼻梁"的位置，像一粒碎钻镶嵌在那里。这第三只单眼颇似小时候看过的动画片《大闹天宫》中二郎神额头上的那只"天眼"，只是不知蝗虫的第三只单眼跟二郎神的"天眼"有没有什么关联。

造物的奇妙，常常令人着迷。

多面手
蚂蚱

蝗虫在我国某些地方被称为蚂蚱，蚂蚱飞起来的时候有
沙沙的声响，这时可以看到它覆翅里面的膜翅是透明的，带一点淡
淡的桃红色，很好看。蚂蚱的弹跳功夫一流，这有赖于它粗壮有力的后腿。
在抵御天敌方面它们也很有心得，遇到危险时会断肢保命。

同其他鸣虫的雄虫一样，雄蚂蚱也会发出声音吸引雌虫，但它发音器官的结构跟
蟋蟀、蝉不同，是靠摩擦翅膀和后腿来发出声音。"蚂蚱打喷嚏——满嘴庄稼气"，形象地描
绘了蚂蚱很乡土气的一面。但乡土气的蚂蚱又颇得齐白石青睐，常常成为他画作的"座上客"。

能药用、能食用，多面手蚂蚱不愧是昆虫界的"复合型人才"。

《橄榄树》与蚱蜢

GANLAN SHU
YU ZHAMENG

　　美国密苏里州堪萨斯城纳尔逊－阿特金斯艺术博物馆的研究人员在馆藏的凡·高名画《橄榄树》中，发现了一只融入颜料中的蚱蜢，并推断它可能自画家 1889 年创作时起就在画中，已经在那幅画里躺了 128 年之久。从画作局部放大的图片里，可以清晰地看到蚱蜢的头部和显著的后腿轮廓。由于年代久远，蚱蜢已完全融入颜料里，不易清除，因此博物馆决定让这只蚱蜢继续在《橄榄树》中沉睡。

　　"蚱蜢翅轻涂翡翠"，拍摄时，一边注视着镜头中这只刚刚长出翅芽的小蚱蜢，一边想着一百多年前那只把凡·高的画布当作树林的蚱蜢，它也有着翠绿的翅膀吗？凡·高在精神崩溃的边缘画出了著名的《星空》，他是把心中的星空当作生命来画，而《橄榄树》中的蚱蜢，是否也把凡·高的画布当作了梦想飞扑而去呢？

爱的随想曲

AI DE SUIXIANG QU ∨

　　蝗虫特别有"骨感"，节点明晰的外骨骼和长满钩刺的发达后腿颇有"武士"的神威，立体感超强。

　　灵动、生趣、有型，难怪画家们都喜欢把它作为小情趣点缀于画中。

　　乡间 6—7 月，随意到田间垄上走走，不难发现蝗虫四处纵跳的小身躯，也时常会看到壮硕的雌蝗虫背着瘦小的雄蝗虫。如果这时正好有父母带着他们的孩子在乡间游玩，看到了如图片上这对蝗虫"大背小"的形态，你会听到一句充满深情的台词："宝宝，快看！蝗虫爸爸正背着它的小宝宝玩耍呢。多么幸福有爱的昆虫啊！"

　　是的，是的，非常幸福有爱的昆虫。只不过"大背小"现象在昆虫界体现的是夫妻情爱，而不是父母与子女之爱。

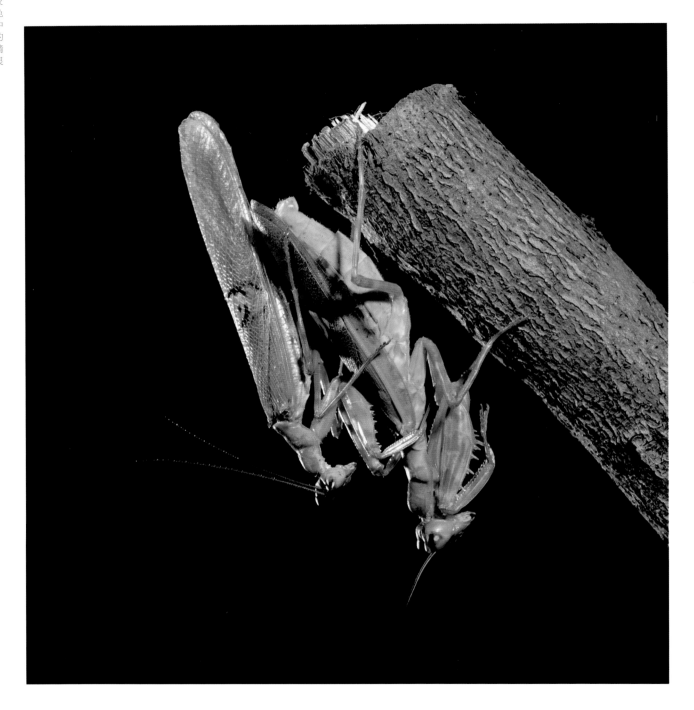

　　每当暮秋时节，雌螳螂会找到合适的树干、木块或干树枝，在深夜产卵。它一边产卵一边排出一种像泡沫似的黏液，产一层卵，就抹一层黏液。黏液在空气作用下会慢慢变硬，最后成为螳螂出生前的窝——卵块。

　　螳螂的卵块形状多为椭圆形或类圆形，一头细而尖，另一头圆而平，颜色有浅灰、浅褐、淡黄、黄褐。螳螂一般越冬孵化，所以在自然条件下，它们的卵块必须经受严冬恶劣的气候和暴雨风霜的侵袭，

外部抵御风寒，内部保持恒温。因此，有人认为在关于保温材料的合理选择上，昆虫的认知与运用远远早于人类。

　　从表面看，螳螂的卵块很粗糙，但是科学家们进行解剖时发现这些卵块在内部构造和规划上非常严密精细，一层层一列列壁垒森严，互不相通。待春暖花开螳螂卵开始孵化时，螳螂若虫就会沿着卵块里的通道鱼贯而出。

倾巢而出

QINGCHAO
ER CHU

　　纱一般的薄雾，缕缕纱纱飘荡在拂晓前的河湾上，不忍心打搅依然沉睡中的小山村。而在华山村的院子里，灯火彻夜通明，因为守候多时的螳螂卵正在孵化。

　　刚出来的螳螂若虫像一条条小蠕虫，它们首先要挣脱卵膜外衣才能行动自如。钻出卵块的若虫互相拥挤着、扭动着、摇摆着，乱作一团。不到 20 分钟，地上、叶尖、墙角，到处都能看到它们体长不到 10 毫米的身影。但并不是所有的螳螂都那么幸运，有些小生命因为没有挣脱掉身上的那层卵膜，就挂在卵块边慢慢死去；有的从卵块上跌落地上，由于行动过慢又遭到了蚂蚁大军的围剿。物竞天择的淘汰法则在第一时间就给这些初生的螳螂上了深刻的一课。

　　昆虫无论出生或死亡，其实都是在用不同的方式完成自己的叙事，如同花朵落下或留在树上，表达的是各自的生命形态。

2012年5月的邛崃天台山，春季昆虫已经把筋骨舒展得很舒服了，一对刚从卵块里出来的丽眼斑螳若虫在灯光下晶莹剔透。它们在镜头前愉快地跳着双人舞，小脑袋上大得出奇的一对碧眼闪着莹莹的光，丝毫不惧怕我这个庞然大物。

同大多数昆虫一样，螳螂打出生起就是"孤儿"，既没有见过父母，也享受不到人类那种在父母温暖呵护中的童年时光。不过，从它们"大刀"一挥谁与争锋的习性和地位来看，它们既不会无端伤感也不会悲天悯人。

台湾作家刘墉写过一本《杀手正传》，详细记录了他的"宠物"——一只螳螂的生活史，讲述他为螳螂觅食、治病，甚至"寻偶"，"跟它建立起深厚的情感，也由它身上领悟了许多过去不曾想到的东西"，由此感叹生命的美丽与哀愁。

螳螂与叶蝉

TANGLANG ↗
YU YECHAN

　　夏至后的晚上，两只叶蝉蹲踞在新绿的嫩叶上，用它们精细的"探针"——口器插进植物的"血管"吸取糖分和水分，它们享受着植物叶茎皮薄汁甜的鲜美，一点不急着赶路。

　　叶蝉这类米粒大小的昆虫非常擅长穿刺术，不知道人造探针的设计是不是受到它们的启发，有没有一根可与叶蝉精微绝伦的"探针"媲美？突然，"啪"的一声，一只虫"落"在叶蝉蹲踞的叶片上面，而叶蝉依然若无其事地继续享受着它们的美味果汁。慢慢地，叶片上面的那只虫伸出一个倒三角形的脑袋，一对纤细触角像两根天线伸向夜空，原来是一只屏顶螳！

棕静螳的体色在寻常光线下是很普通的浅棕色，近似于麦垛的颜色，但在灯光的作用下，它美得灿若云霞。

深秋夜晚，螳螂玉立在温厚枯叶上，翅膀如裙袂，铺张着丝丝金光，端庄、肃穆、高贵。它是在演唱贝里尼的《圣洁的女神》吗？如果这样想，恭喜你，又给螳螂高超的演技投了一票。

在昆虫界，螳螂是著名的"杀手"，以快、准、狠的刀法独霸虫林，是典型的食肉性昆虫，法布尔形容为"灭绝任何从它旁边经过的猎物"。当螳螂受到严重威胁或是遇到强敌时，会突然张开不善飞行的翅膀，把翅膀直立得像船帆并猛烈扇动，发出"嘶嘶"的声音来恐吓对手。正所谓"螳螂，遇食时，身乍长，翅振起，出蛇吐信之音，袭石燧光之疾"。

这是一只正在羽化的菱背螳，至此，它将从若虫步入成虫的行列，这个过程有点像古时男子的束冠礼仪式。

螳螂在羽化之前的 2~3 天开始不进食，羽化后头部会翻转朝上，好让血液充满翅膀。羽化之后螳螂一般要休息一天，等待外骨骼变硬，随后步入"腥风血雨"的虫林，上演猎杀、交配、产卵的系列剧。

ANYE XIA DE
CHENGNIAN LI

↖

暗夜下的
成年礼

彷徨的「哈姆雷特」

PANGHUANG DE
HAMULEITE

它既是一个"勾魂使者"，也是一个伪装大师，常常装出信仰的表情和虔诚的举动，却用"糖衣来包裹恶魔的本性"。

使用这种角度拍摄螳螂还是第一次。

透过镜头与螳螂对视的一刹那，脑海里如流星般闪过莎士比亚的那句名言："生存还是毁灭，这是一个值得考虑的问题。"

莎士比亚一定不会想到，他的哈姆雷特在绝望彷徨中对着夜空发出的呐喊，隔着四百年的时空，会在中国大西南一个偏远山村里得到回响。

胜利者的回望

SHENGLI ZHE DE
HUIWANG ↗

一场没有悬念的战斗，黄蜻在被丽眼斑螳肢解后，仅留下残缺不全的翼翅。

作为一个昆虫社会的常住居民，螳螂依靠速度、钩刺、镰刀进行杀戮。不论它的衣着多么新碧光鲜，在看到猎物的一瞬，本性暴露无遗。那立在"狼牙棒"上以胜利者姿态对着镜头的诡异一笑，高深莫测……

成都郊外三圣乡，是我和队友经常拍虫的地方，那里，留下过太多的汗水与回忆。丽眼斑螳是队友何佳最先发现的，可惜她因病于2015年去了另一个时空，不知道那里有没有虫拍。

大雪之夜，睹图思人，那些在生命里进进出出的碎影，犹如山坳深处点点萤火，始终闪烁在黑暗的更深处。

热带雨林的斗法师

REDAI YULIN DE ↗
DOUFA SHI

　　"树枝开始走路，青苔也要爬树，花朵莫名其妙地逃走了……"千万别以为这是在表演魔术，它可是热带雨林里那些"隐形"高手天天为生存而上演的"斗法"术，螳螂，就是其中的佼佼者。

　　众所周知，迷彩服在第二次世界大战时首用，它是人类效法自然以获自保的成功案例。不过，比起海南尖峰岭热带雨林的广缘螳，也不过如此。广缘螳的体色跟树皮的颜色非常接近，扁平的身体紧紧贴在树上一动不动，以此蒙蔽"敌人"。

　　从进化论的角度看，螳螂是生物界进化得最完美的古老昆虫，在经过亿万年的生存嬗变后，它们深谙一个道理：在森林里，有时保持低调，才是最好的生存之道。在韧性和耐性方面，螳螂在昆虫界也是出了名的，常常为了捕获猎物可以长时间保持不动。

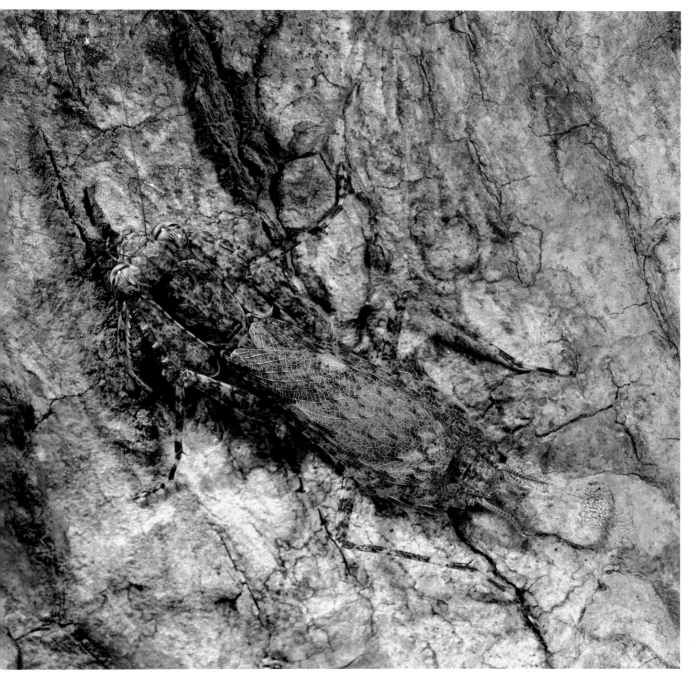

对 峙

DUIZHI ↘

螳螂只对移动的物体感兴趣，不吃死虫，捕猎时靠头部的移动来盯紧猎物。

螳螂的行动快如闪电，从猛扑到擒获猎物仅在眨眼间，这种能力在昆虫界也堪称最快最准的典范。

此刻，螳螂的眼珠正紧紧地盯着镜头，估计正在揣摩着：这个庞然大物的颈部神经节在哪里……

DAOGAO DE PINGDINGTANG

『祷告』的屏顶螳

屏顶螳头顶有着醒目的"头冠",有人说像古代人的官帽,有人说像小型独角兽,更有人说电影《异形》里的外星异虫的设计灵感就是来自它们。

"它仪态万方,庄严地半立着",前足就像人的手臂一样紧紧束在胸前,"活脱脱一副祷告的姿势"。

自古以来,螳螂被西方人喻为发布神谕的"先知"或向上帝祈祷的"修女",然而,它紧束胸前的前臂既不是在静默祈祷,也不是在悲悯众生,这是螳螂猎食前的标准动作。镜头下,"祈祷"的屏顶螳正在用"守株待兔"的战术等着猎物上钩。

指挥家

　　如果仅仅只看外表，你很难把"杀手"一词与螳螂等同：安详的外表，极具线条感的身材，简洁素雅但光泽绝佳的外衣，仪态和服饰都光彩照人。再看看它锋利强劲的口器，既是致命的武器，也是在猎杀后梳洗大刀和钩刺的工具。

　　灯光下这只形态俊朗英武的螳螂正用一对绿莹莹的大眼呆萌地望着镜头，两只前足呈不同角度地前后弯曲高举，好似准备指挥一出"命运交响曲"。

绝明珠以耀躯

ZHUI MINGZHU
YI YAO QU

2010 年 7 月，这幅作品在摄影博客里发表时，引来不少爱好昆虫摄影的朋友围观，其中广州的朱凯先生的留言或许最贴近画面的意境："民间婚礼上，新娘得把亲朋好友送的全部首饰戴在身上，富贵人家钻石多，新娘一颗一颗地戴在脖子上、手腕上，珠光宝气的。子建有道：'披罗衣之璀粲兮，珥瑶碧之华琚。戴金翠之首饰，缀明珠以耀躯。'细究之下，子建仿佛穿越时光为钟茗兄美图配文。"

夜之星辰

↗ YE ZHI XINGCHEN

2008 年的盛夏，除了突如其来的暴雨，还有令人崩溃的热。但对于拍虫人而言，却酷爱这个季节，因为与虫子们一年一度的约会已迎来高潮。

对我而言，这是一幅开启昆虫夜拍新认知的图片。其实，寻常的黄蜻并不能引起我太多的注意。那一夜，一场大雨刚过，在蜿蜒的山路旁，借着手电筒的光亮，在树干上无意间发现了它。翅面上那闪烁的蓝色光芒令人惊奇，这是在以往拍摄中从未见过的，兴奋之余立即架好相机，借助 LED 手电筒的光亮按下了快门。

有着严密网状翅脉的翅面上由于缀满了大小不一的水珠，再经手电筒光的照射，呈现出深浅不同的蓝紫色光斑，仿佛是夜空中的星星抖落在了蜻蜓的翅膀上，犹如一件镶嵌着无数碎钻的工艺品。

星空下的七彩"碧玺"

XINGKONG XIA DE ↗
QICAI BIXI

　　看多了"千人一面"的蜻蜓图片会不会有审美疲劳？会不会像烈日下举着长竹竿追赶"丁丁猫"久而不获的孩童们一样，觉得索然无味？

　　2015 年，卡地亚"艺境天工·中西方珍宝艺术展"在四川博物院展出，我长久地驻足在以蝴蝶、蜻蜓、蜘蛛、圣甲虫为蓝本的昆虫珠宝上，一边观赏一边思索着：昆虫摄影，除了还原生态、进行科普、物种鉴定之外，我们还能做些什么？可以让它们如卡地亚设计的昆虫珠宝那样璀璨炫目吗？可以把神秘元素与梦幻元素融入昆虫摄影里吗？随后的时间，我开始在蜻蜓的翅翼上找寻灵感。

　　成像后的图片再次打破自己在昆虫摄影中对光运用的既定认知，这只蜻蜓犹如一件七彩碧玺，静静闪耀在星空下，它不是珠宝，却胜似珠宝。

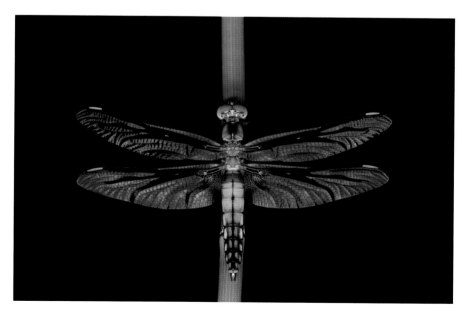

复眼

FUYAN

"昆虫眼中的世界有多大，不化作虫的眼睛无法体会。"

上中学时，自然教科书中讲蜻蜓、蜜蜂、苍蝇等昆虫的复眼，一直似懂非懂，琢磨着复眼到底是怎样的？是由许多只小眼睛合成的一只大眼睛吗？那么复眼看到的景象跟人眼看到的有什么不同呢？

一晃几十年过去了，如今，当然知道复眼是一种由不定数量的小眼组成的视觉器官，一般呈六面状，在昆虫的头部占有突出位置。有复眼的昆虫视觉都很敏锐，比如蜻蜓、蝴蝶、螳螂、蜂、蝇等。这些昆虫的眼睛就像一个全方位扫描雷达，几乎没有任何死角，你刚一接近它们，就"噌"的一声飞走了。

微距镜头下的昆虫复眼常常有意想不到的震慑效果，而对于摄影师来说，要在一个球状的物体上找好焦平面，拍出清晰精致的作品，当然需要长时间的拍摄和经验积累。

乡间偶拾

　　有些时候，似乎没有什么可拍，要么是光线问题，要么是角度问题。但有的时候，精彩就在一个转身、一个回眸处等着你。

　　这就是那种精彩的日子。乡间 8 月，暑气正盛，清晨外出散步，习惯性地拿上了相机。只想随意转转，看看能发现什么，走过几块林地，恰好撞见蜘蛛掠杀蜻蜓的场面。

　　光线正好，角度正好，要做的，就是抓住这偶拾的精彩并定格。

碧伟蜓

在平时的光线下，碧伟蜓的翅膀本是无色透明的。当光线以某种角度射入时，奇妙的事情发生了，如金箔般的翼翅就这样呈现在镜头面前。

炫目、灿烂、辉煌。温润时如玉、璀璨时胜金、晶莹时似钻……在拍摄过程中发现碧伟蜓的翅膀在光的作用下有着很大的可塑性。

昆虫的无龄感

KUNCHONG DE ↗
WU LING GAN

"碧玉眼睛云母翅，轻于粉蝶瘦于蜂。坐来迎拂波光久，岂是殷勤为蓼丛。"唐代诗人韩偓一定很喜爱蜻蜓，方能把蜻蜓的动态刻画得这般惟妙惟肖。

乡间行走，每当看到池塘边翻飞的蜻蜓和豆娘，总觉得它们活得挺潇洒，固然生命短暂，但它们一定没有年龄的恐惧，不必像人类在16岁时假装世故，60岁时又成为无惧年龄的"少女"。

不述前世不说来生，安住此刻、此在。

斑点锥腹蜻

BANDIANZHUIFUQING

↙

　　锥腹蜻停栖时的姿态可用"静若处子"来形容。轻薄透明的翼翅向着头部方向延伸，尾部微翘，整个身体呈45度倾斜，优雅精致得无法联想到空中的飞虫"战斗机"，更看不出它在空中的霸气和威风。

　　许多时候，结识一只昆虫也许并不在乎使用了什么器材，而是在无数个寂静的夜里，那些不期而遇带来的惊喜。

蜻蜓的诞生

　　这是一份拍摄水虿蜕变为蜻蜓时的拍摄观察日记，时间是 2013 年 4 月 19—20 日。

　　1. 4 月 19 日 22：40，水虿悄悄爬上芨芨草的顶端，纤细的六只足试探性地左右移动，调整攀附位置的牢固性，以便羽化时作为全身平衡的支撑点。

　　2. 23：15，水虿背部隆起凸出，慢慢地裂开一条缝，头部要出来了，身体又适度地移动了少许位置。

　　3. 24：00 左右，腹部开始用力顶头部，拍打茎枝，使头部、眼睛完全从背部裂缝处先出来，紧接着六只足和大半个身体也相继出来了。此时，蜻蜓上半身倒挂在水虿的空壳上，不停地扭动、伸展，以适应陌生的空气。

　　4. 4 月 20 日 1：05，在不到一秒的时间里，蜻蜓腹部一收，一个翻身恢复了正立垂挂，此时的一对翅膀还皱缩在一块，腹部开始有规律地向着茎枝方向前后运动。这个动作的目的一是排干体液，二是把血液输送到翅膀中。

　　5. 20 分钟后，翅膀慢慢舒展开了，透薄如绢帛，仅在翅缘有明显的黄色，像是描摹上的一缕鎏金丝线。眼睛和身体依然是碧绿的，这时的姿态造型最为别致：高昂的头和坚定的六足纹丝不动，细长的腹部呈反弓形弯曲。

　　6. 又是近一个小时，紧紧收拢的翅膀终于展平，翅膀颜色渐渐由乳白半透明变为透明，此时可以清晰地看到细密的翅脉纹理。

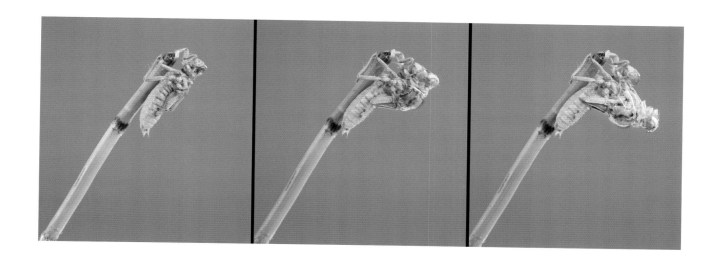

　　2013 年 4 月 20 日 8：05，位于四川雅安地区的芦山县发生 7.0 级地震，成都震感强烈，迎着第一缕曙光飞向空中的蜻蜓应该也感受到了吧。

　　回忆彼时情景，犹如回望一帧简笔浓汁的水墨画。岁月不居，弦歌不辍，那些裱挂在记忆窗前的感动，永远鲜活地跃然影间。

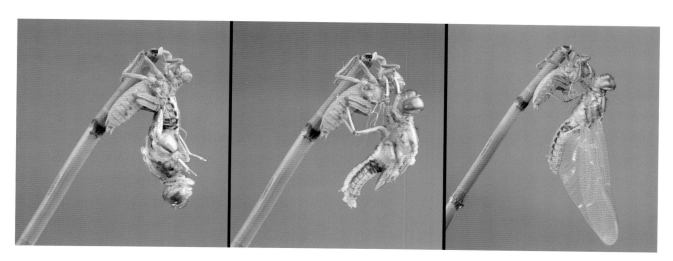

沼泽地里的炫光

这种翼翅上有着金属炫光的蜻，2007 年我曾在海南吊罗山拍摄过，而在成都再次见到它的身影时，几乎不敢相信自己的眼睛。

那是 2014 年 8 月，与队友姚著、邹彪相约去郊外拍摄，上午 10 点到达有一大片沼泽的拍摄地，这里是理想的蜻蜓停栖场所。拍摄当天，气温迎来了成都 20 多年的历史最高值，而沼泽地周围最高的小树也没有一人高。整个拍摄时段里，每个人都几近晕厥，就在身体达到极限时，发现了它——沼泽地上空泛着高贵紫红炫光的黑丽翅蜻。

时隔两年，再次相约去那里，曾经的一片青青沼泽如今已是高楼林立，它们去了哪里？以后又会在哪里？驾车返回时，已是夜幕低垂，满目的光影和车流，却不见了记忆中黑丽翅蜻的翼翅之光。

ZHANG ZHE LUOSAIHU
DE SHICHONGMENG

长着『络腮胡』的食虫虻

食虫虻体形硕大，擅长在空中用虹吸式口器猎捕各类中大型昆虫，它不挑食，几乎什么虫子都吃：蝶、蛾、蜻蜓、甲虫、蝗虫等都在它的食谱范围内，甚至还捕食蜜蜂、蚂蚁、胡蜂、蜘蛛，有时也会自相残杀。

食虫虻头部长有浓密的刚毛，就像长了一圈"络腮胡"，这些刚毛对食虫虻的头部起着良好的保护作用，但无论我怎么看都觉得这一圈"络腮胡"使它的面部更显狰狞。

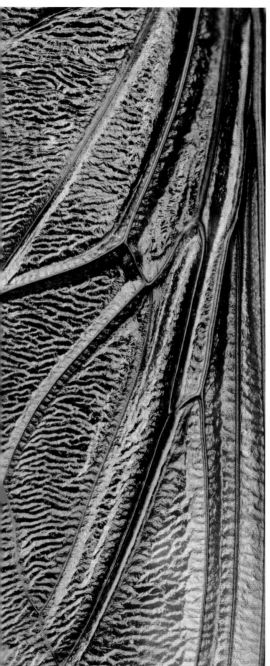

拟态高手蚜蝇

NITAI GAOSHOU ↗
YAYING

　　宽盾蚜蝇也是拟态高手，往往被人们误认为蜂。它有几个显著特征：其一，有漂亮的复眼，黑眼珠还带有条状斑纹；其二，喜欢在空中悬停；其三，只有一对翅膀。其后翅均已退化成一对棒槌状的器官，在飞行时用以协助平衡。

　　它们不一定珍稀，不一定拥有亮丽的外表，但是它们一定是特别的。这种特别决定了它们个体的特殊性。

　　珍惜每一次与昆虫的邂逅，并拍出它们特别的美感。

不简单的蜂子

蜂子

蜂子是膜翅目昆虫，只有一对翅膀，最显著的特征是占据头部大半比例的一对复眼。不过它们的大复眼并不给人"呆萌""卡哇伊"之感，相反会让遇见的人内心有一丝戒备，毕竟，被蜂子的螫针刺中并不是美的享受。

蜂子是飞行能手，也是昆虫中最敏捷的飞行类群之一。按常理来说，只要有鲜花有一定温度，这"招蜂引蝶"的故事就会接踵而来。但这只蜂子似乎并不喜花，它更像一个独行侠，来来回回绕着枝干进行诸般"考察"，好似要看看这枝干是否符合它建造卵巢工程的标准。

忙碌的胡蜂

∠ MANGLU DE HUFENG

　　从华山村的小院后门走出去，是地势逐渐升高的山林。拾级而上，走不到几分钟，有一处山民伐木后留下的空地。空地上横七竖八躺着几根圆木，圆木四周蔓生了许多杂草植物，蚂蚁、甲虫、蜂等昆虫就生活在这些木头的缝隙或洞眼里，它们在这里筑巢、猎食、产卵，就像一个小宇宙。

　　当镜头在对准这只忙碌的胡蜂时，它竟浑然不觉，一直沉浸在忘我的工作状态中。

蚂蚁是典型的社会性群体昆虫，它们分工明确，有高度的集体意识和协作能力，组织性超强。在这个家族里，自私自利的行为是会被大家鄙视的，"蚁群利益高于一切"。

触角，既是蚂蚁的"耳朵"，又是蚂蚁的"鼻子"，依靠这对敏锐的天线，它们得以寻找食物、认路，以及和同伴传递信息。

这幅作品拍摄于2007年的海南吊罗山，当时正透过镜头专心观察着一群蚂蚁的活动，当两只黄猄蚁相遇并频繁用触角相互交流时，有趣的场景出现了，按下的快门定格了这一画面。

幸福是什么？是在两两相望时彼此交映的无言片段，还是在两两相望时付与时光的青春流放？

两两相望

LIANGLIANG
XIANGWANG

蚂蚁称得上是动物世界赫赫有名的搬运大师，只要是它们觉得有用的东西，它们都会想尽办法搬回蚁巢。它们会在找到的物品上散布"信息素"，同一个蚁巢的蚂蚁通过触角能感受到"信息素"，并把东西拖回蚁巢。

2007年4月，我第二次只身前往海南吊罗山进行昆虫拍摄。酷热难耐的中午，躺在树荫下的一块石头上稍作休整，眼角余光感觉有白色亮点在移动，转头一看，一只黄猄蚁正用它发达的上颚衔着跟它身体几乎等量的蚂蚁幼虫在移动。这个画面特别能体现蚂蚁的行为特性——当有危险降临时，蚂蚁会本能地携带自己的幼虫、虫卵搬离蚁巢，寻找另一个安全住处。

搬运大师
BANYUN DASHI ↗

脉翅目昆虫的绿窗纱

MAICHIMU KUNCHONG DE
LÜ CHUANGSHA

"虫声新透绿窗纱"。

　　每次看到这画面,上面那句不着边际的诗句就会冒出来。兴许是它轻薄的翅膀,兴许是这弥漫着浓浓艳艳的绿意。

　　在动物界最下层的居民里,蚁蛉是其中更"低等"的种类,是夏天或秋冬室内灯下、墙上随处可见的小飞虫。人们对它们的认知和喜爱远远不如蝴蝶,而在镜头里,它却焕发出春光乍泄般的美。

　　"美"如此到来,令观赏的人心中悸动,却无以名状。

阳彩臂金龟

YANGCAIBIJINGUI
↗

生活中不能没有惊喜，就如同我们不能没有心动一样。

金龟子，相信大家并不陌生，它们曾是我们儿时爱抓的小飞虫，是夏天晚上会主动光临我们的花圃、阳台的虫子。

不过"巨型金龟子"，估计没有几个人见过它的活体。

2012年7月中旬，广西摄友康鸣来成都拍虫，我与队友一行数人陪同他前往天台山进行野外昆虫拍摄，在寻虫的一处沟谷意外发现一只巨大的甲虫，个头撼人。最神奇的是它长着一对超级长、可以自由弯折、锋利无比的前足，当大家凑近想仔细观察时，这只"巨兽"举起长满倒钩的前足朝我们挥舞，俨然一副摆擂台准备决斗的架势。

回到住地后，经过查阅资料和请教相关专业人士，得知这只甲虫是国家二级保护动物阳彩臂金龟，数量极其稀少。这一发现令所有人振奋不已，《华西都市报》为此还作了相关的采访和报道。

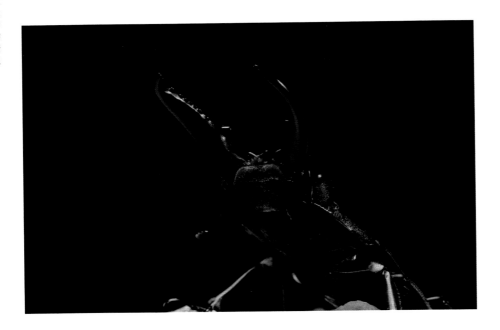

魔力甲虫 MOLI ↗ JIACHONG

据说在日本,它被称为"最受瞩目的甲虫""日本最酷的宠物"之一,每年,都有定期为它举办甲虫比赛的擂台。许多日本成年人都是甲虫爱好者,认为这些虫子能让他们回忆起年少时的美好时光。

如果把锹甲作为课题去深入,洋洋洒洒写出几万字调查报告的大有人在,有从时间、地域到国度进行研究的;有从民间习俗到艺术设计进行研究的;有从科普采集到昆虫分类学进行研究的,不一而足。

小小甲虫为何会有如此大的魔力,令收藏家、设计师、科学家、昆虫爱好者心向往之?

昆虫研究不是我的专长,用手中的相机去表达、去说话,也许更直截了当。

每年的 7—8 月，是锹甲比较活跃的时期，繁衍种族的任务往往在这个时候进行，这使得我有机会去拍摄锹甲沉浸爱河里"乐不思蜀"的行为状态。

锹甲喜欢吸食有甜味的果汁，然而，在它们有神圣的繁衍重任时，布朗李失去了美食的定义，成为锹甲"造爱"的温床。看来，锹甲也不只是贪吃好斗，在传宗接代的问题上，它们有着理智而清醒的认识。

白描"胖小"

BAIMIAO
PANGXIAO ↗

除了蝴蝶，瓢虫应该是大众最乐于接受的昆虫了，对它的喜爱和接纳几乎没有任何年龄限制。春暖花开时节，阳光一洒，就可以看见瓢虫随风摇曳在原野星星点点的花丛中，甚至，公园、小区花圃里都能觅得它们的芳踪。

作为鞘翅目瓢虫科的瓢虫，它的种类很多，民间别称有胖小、红娘、花大姐等。它的腹部扁平，体长通常只有 10~16 毫米，体色以红色、橙色居多，硬硬的鞘翅上常常有数目不等的黑色圆斑。比如人们常常说的七星瓢虫，就是因为它的鞘翅上有七个黑色圆斑而得名。瓢虫大多是蚜虫、介壳虫、粉虱和螨的天敌，在自然和人工生态系统中，对于保持害虫与植物之间的平衡，瓢虫起着重要的作用，被称为"活农药"。

体色明艳、玲珑娇小的瓢虫很机灵，镜头刚一对准它，这小家伙就开始沿着花梗绕圈，跟我玩起了"捉迷藏"。它们还会"装死"，只要被逮住，它就在你的手心里仰面朝天，蜷缩六足一动不动；要不就干脆直接跌落隐匿或擦飞而去。只有在它们沐浴爱河、为繁衍后代交尾时，才能相对稳定在取景框里。

童年时野外捉瓢虫的乐趣至今还记忆犹新，尽管它们总是在指尖留下难闻的气味，但丝毫不影响小伙伴们"捉拿"它们的热情。如今，童年指尖的那只瓢虫早已不知去向，想必，它也早已飞出了法布尔的《昆虫记》，在原野徜徉，在镜头里鲜活，渐次，晕染出似水流年的美。

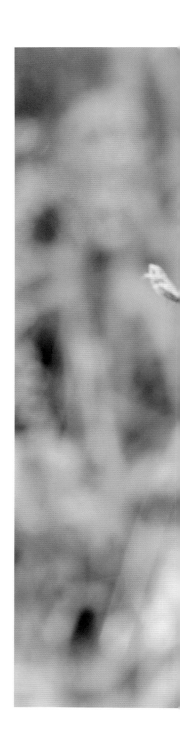

儿时玩伴——"牵牛子"

ERSHI WANBAN ↗
QIANNIUZI

　　小时候最喜欢捉"牵牛子"（天牛的俗称）来玩，男孩子常常用收集到的"牵牛子"、锹甲或独角仙在小伙伴们中间炫耀。在孩童的眼中，这些穿着"硬壳黑袍"的虫子威风凛凛，别具魅力。记得小时候最喜欢去梧桐树、无花果树上找它们，当手指捉住它们的后背时，"牵牛子"常常发出"唧唧"的叫声，如果你手指稍微一松，它们会从后背生出一股跟它们身体完全不匹配的"巨力"，迅速挣脱掉落，让你遍寻不着。

　　如今，城市里已鲜少看到"牵牛子"的身影，过多的杀虫剂、强效的农药，迫使它们的生存环境逐渐缩小，这样的情景难免让昆虫爱好者唏嘘不已。只有到乡下去，到山里去，也许还能寻得一丝童年的乐趣。

来自虎甲的
理性思考

LAIZI HUJIA DE
LIXING SIKAO

虎甲长得都非常漂亮，鞘翅上的金属条纹和圆斑艳丽无比，在阳光下发出金属般的光泽。它常常在太阳直射的小道上"等"着你，待你看到它了，正要端相机拍摄，它又机灵地一转身，在小道上跑得一溜地快；你不追了，它又停下来端详着你，如此往复，好像在跟你闹着玩。

许多人对虎甲拥有的漂亮外衣赞叹不已，喜爱搜集和制作昆虫标本的人更是像孩童搜集神奇宝贝卡一样对虎甲爱不释手。多年前，有朋友从马来西亚带回的旅游纪念品就是一只被固定在一块透明树脂里的虎甲标本。

捕捉、制作标本，搜集、研究昆虫，在与昆虫的相遇中，每一个人都有各自的选择和处理的方式。而在经过一段时间的拍摄后，我更愿意以一个朋友的姿态，用眼睛和手中的相机去表达对昆虫的敬意。

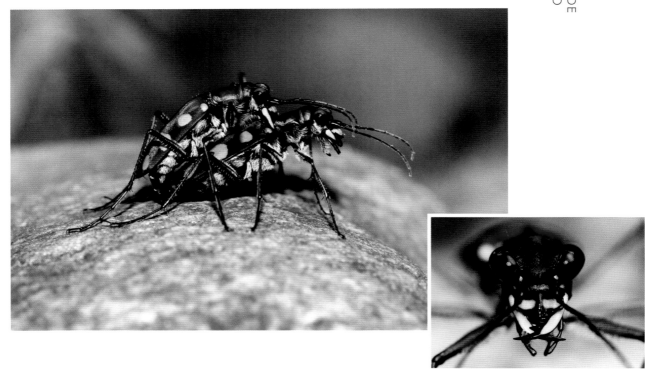

画里画外的趣谈 HUA LI HUA WAI DE ↗
QUTAN

　　这幅作品网上发表之时，曾引来众多摄友的围观和评论，其中最有意思的是广州好友朱凯先生的留言，这段文字既在画里又在画外，如今重温也觉有趣。"不管导演还是观众，地球人总想在科幻片里发现外星的异类。殊不知，疑似外星生物的它早就埋伏在你身边，在你家的草坪，甚至每天监视着你的行踪，它很有可能就是外星派来的侦察部队。要知道，历史一直在重演，不曾停顿过。"

第一次接触广翅目齿蛉科的虫子就给人留下了"痛"的记忆，那是在邛崃天台山遇到的一只星齿蛉。看着星齿蛉如纱衣一般的浅灰色半透明体表，以为是温顺的虫子，哪知它转头就是一口，那种刺痛，至今记忆犹新。

广翅目齿蛉科这类昆虫是完全变态类昆虫中古老而又原始的类群，幼虫生活在水里，对水质变化敏感，可用于环境的生物监测；成虫虽然看着狰狞，但并不捕食其他动物，只吸食树木流出的汁液，尽管长有一对巨大的翅膀，但飞行能力却很弱。

2007 年在海南吊罗山，又与这类昆虫"狭路相逢"，这次遇见的是星齿蛉属的海南星齿蛉。

星齿蛉
↖ XINGCHILING

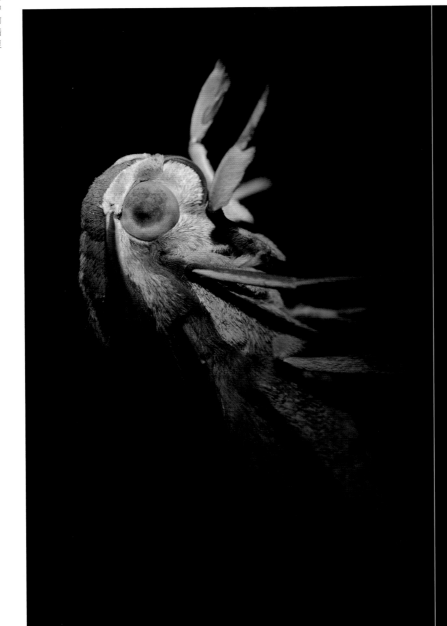

天蛾特写

绿背斜纹天蛾一直以衣着光鲜亮丽著称，从绿色到黄色依次渐变的色彩在它的身上都能一一找到。

"三叉戟"式的标本照拍得太多，这次仅用单光来个局部特写。

对于天蛾的最早认知来自一部好莱坞大片《沉默的羔羊》，影片里有着双重寓意的鬼脸天蛾给我留下了太深的印象，当然，不是因为喜欢，而是因为鬼祟。时间是 1991 年。

13 年之后，加入了昆虫拍摄行列的我逐渐对各类昆虫有了客观、科学的认知，认识到无论是绿背斜纹天蛾还是鬼脸天蛾，它们都属于天蛾科中的一个种类；无论它们有没有神奇的力量或民间寓意，它们都是生物多样性链条上的一个环节，存在于梅里安的博物学和林奈的分类学之前。

蛾的漂亮"风褛"

E DE PIAOLIANG ↗
FENGLÜ

第一眼看到这只蛾子，惊诧它身上的朵朵花瓣，好个少女心爆棚的昆虫啊！

由此又联想到日本那句描写蝴蝶的俳句："你是怎样的与落花争轻呀！"蝶和蛾本是一个家族，俳句用在这只蛾子身上刚好。

"寸心原不大，容得许多香。"虫的身体自有一套属于它们的密码和记忆，这是它们和大自然之间的契约。拍摄中，一边捕捉蛾子"风褛"上的暗香，一边想象着它化作花瓣随风畅游的辰光。

后目珠天蚕蛾

↗ HOUMUZHU TIANCAN'E

　　如果晚风是黑夜深沉的呼吸，请你把白昼没有抒发的纷纷扰扰放下，跟随我去山坳里看看天蚕蛾，那些在夜的隧道里翩跹曼舞的精灵。

　　天蚕蛾是鳞翅目大型蛾类中有着超强形式感的昆虫，尤其以它停栖时的姿态最为直观。拍摄中的这只后目珠天蚕蛾前后翼翅平展，翅面的图案纹理就像有一双灵巧的手用丝线往复穿梭而勾勒出的江海湖泊，花好月圆。

　　中国素有享誉海内外的四大名绣，那些汇聚了能工巧匠们精湛手艺和智慧结晶的刺绣珍品相较于这只天蚕蛾的翼翅纹理，你能说谁比谁更夺目吗？再看看它前后翼翅上的眼斑，尽管是用来恐吓天敌的伪装，却依然捕捉了我们的视线。

荣耀之蛾

RONGYAO ZHI E ↗

忘了是谁说的，"世界一直是彩色的，变灰暗的只是我们的眼睛"。

对大多数人来说，蛾子并不具备亲和力。暗淡、丑陋、鬼祟，鳞片上的毛还乱飞，粘在手上、衣服上最是不爽。但在古代，飞蛾是舍生取义的象征，"飞蛾扑火，勇往直前"。古人对飞蛾的精神极力推崇，常常制作有飞蛾图案的玉饰奖励有战功或有功勋之人，是一种极大的荣耀。

正如一千个人眼中有一千个哈姆雷特，在拍虫人眼中，每一只昆虫都是他们的宝贝，无论它们是否长有轻灵的翅膀，是否拥有炫丽的霓裳，是否摆着神武的架势。

幸福的"黄手帕"

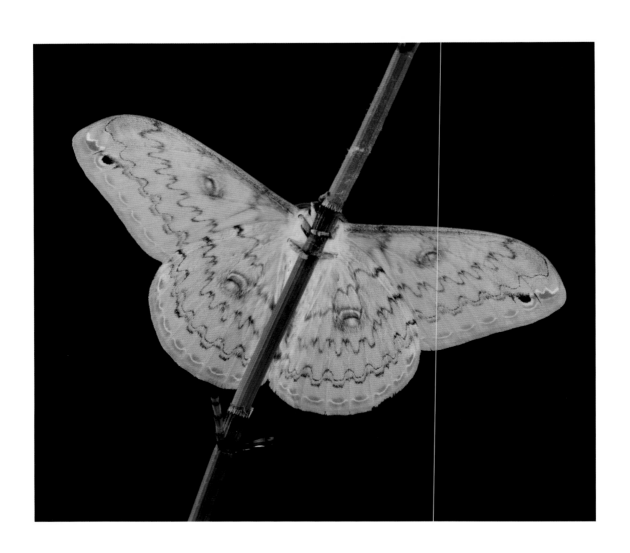

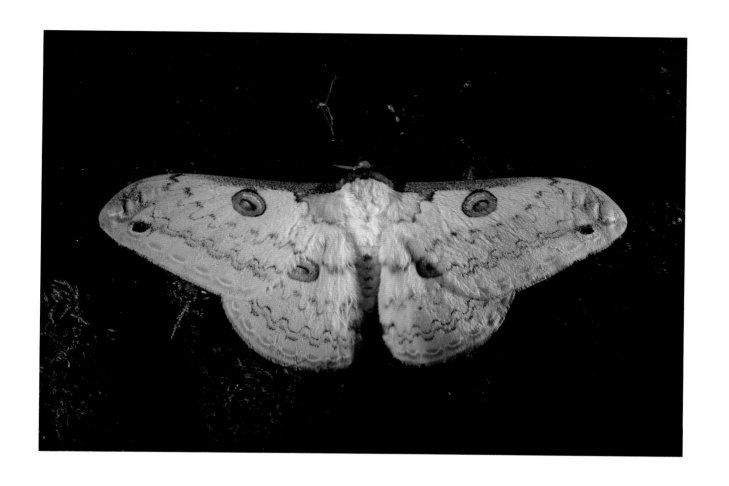

　　黄色总能让人眼前一亮，心也由此愉悦起来。而每次看见这种颜色的豹天蚕蛾，心情也是为之一振的。

　　"融融冶冶黄"，明艳、率真和热忱，一定是黄颜色带来的视觉情绪。

　　小时候看过一部电影《幸福的黄手帕》，知道了幸福一定跟黄颜色分不开。如今，这张幸福的"黄手帕"飞进了镜头，飞到了我们的面前，那种幸福感不言而喻。

素净的天蚕蛾

SUJING DE TIANCAN'E ↗

　　这是拍过的最素净的一只天蚕蛾，周身没有一点华彩，即使在翅缘底部有一
绺黄，也被整体暗沉的卡其色所淹没。但是，它又是最诗意的一只天蚕蛾，诗意地栖
息在夜之天幕上。

　　奇怪的是，白天它们都躲到哪里去了？在骄阳高照的白天，在丛林或铺满落叶、
腐草的小径，从来碰不到一只。可每当夜幕降临，这些如同"旧雨新知"的蛾子就循
着光源、循着气味，款款飞临。

夜幕下的温柔"陷阱"

　　"蛾子是蝴蝶的远房姊妹",由于它们大多隐藏在一般人很少了解的夜间世界,我们反而忽略了它们本是一群顽强而执着的生命,为了追逐光明燃尽青春!和蝴蝶的耀眼光芒不同,平日所见的蛾类颜色比较暗淡,这也许是它们不那么惹人喜爱的原因。

　　樟天蚕蛾,素雅洁净的绒衣上有四个醒目的黑眼斑,两根像羽毛梳子的触角在夜风中探寻着它需要的化学气味。它对光的渴慕是如此强烈,以至常常误把灯光当成了月光,才得以成全夜幕下的温柔"陷阱"。

暗夜里的陈述

ANYE LI DE CHENSHU ↗

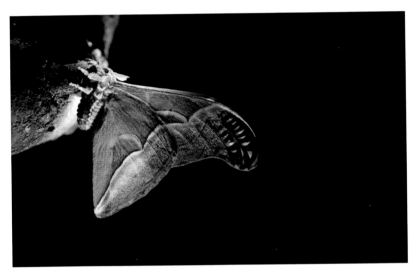

谷雨时节的成都邛崃山区，夜晚气温依旧寒凉，一只身穿军绿大绒衣、翅斑纹理明显的天蚕蛾吸引了大家的视线。它宽大的翼翅上有明显的月牙图案，前后翅有一条宽色带纵贯整个翅面。

有昆虫常识的人都知道，大多数蛾类在休息时翅膀是平摊在身体两侧或收拢成屋脊状的，而这只天蚕蛾的停歇姿态却与蝴蝶一样，把翅膀收紧了立于背上，这使得我们有机会从另一个视角去观察和拍摄它。

"给它一线光明，它就会燃烧灿烂！"用这句话来形容天蚕蛾再合适不过。夜行性的生活决定了它们做不成阳光下艳丽的"舞姬"，但它们却用彩衣为黑暗着色，用行动对暗夜进行着另一番陈述。

神秘的 青球箩纹蛾

它是因翅面近外缘为细波浪状纹，形态像箩筐加上球状的拟眼纹而得名，在台湾阿里山地区也被称为"阿里山神蝶"。青球箩纹蛾还是位飞行能手，依靠精力充沛的翼翅御风而行，利用它们的"鼻子"——羽状触角嗅到雌蛾发出的荷尔蒙气息，找到雌蛾并进行交配。

与它第一次邂逅是在四川大邑的烟霞湖。那一夜，它翼翅上鬼祟如迷宫般的图案，深深吸引着一群喜爱昆虫夜拍的摄友。

月
神
的
剪
影

↖ YUESHEN DE
JIANYING

　　2010 年夏夜的鹤鸣山，凌晨 3 点左右，绿尾天蚕蛾循着光源飞来，也许只有静寂的夜晚才能领略它纯粹的美——娉婷的身影，波浪形的长尾翼，温婉、柔媚如暗夜开出的花朵。

　　那一刻，光源里的蛾与叶和谐依偎，纹理线条充满韵律。这样的拍摄"良缘"仿佛信手拈来。机不可失！调整好机位按下了快门。

　　儿时踏青，少不得"忙趁东风放纸鸢"。纸鸢断线挂落树枝是常事，总盼着一阵轻风把它吹落下来，而终究，它就那么挂在枝梢上成为天幕的剪影。借着镜头，我们得以再次拾取童年美丽的风筝，重温儿时简单纯粹的乐趣，这样的欢愉之情蔓延在光影之外。

悠闲的
4 分 33 秒
YOUXIAN DE
↗ 4 FEN 33 MIAO

　　小黑斑凤蝶，是踏着春天脚步到来的蝴蝶，一年只有一代，它也是在成都比较少见的蝶类昆虫之一。

　　2017 年 5 月 13 日，和队友姚著、王超、邹彪一起去西岭雪山拍剑凤蝶时偶遇小黑斑凤蝶。阳光下，只见小黑斑凤蝶正伸出长长的口器在一片湿洼地上吸水，不时扇动几下泛着金属光泽的黑翼。这是绝佳的拍摄机会，顾不得全身被浸湿，匍匐在一摊泥水中完成了拍摄。

　　野外行走，蝴蝶的神态最是悠闲，你尽管随着它摇风的蝶翼追，它只管循着蝶道不紧不慢地飞，丝毫看不出匆急。蝶振翅时一定是有声音的吧，可人耳并不能捕捉到它振翅的频率。20 世纪最有影响的美国作曲家约翰·凯奇的名作《4 分 33 秒》，也许正好贴合人耳对蝶的飞行反应。

钩粉蝶的歌谣

　　钩粉蝶是每年最早出现的蝴蝶之一，也是寿命最长的蝴蝶。尽管它不是珍稀的物种，但平常并不多见，拍到它需要一定的机缘。

　　第一次拍摄钩粉蝶是在四川青城山。一夜暴雨后的山道多处积有洼水，数只钩粉蝶在水边吸水，可能是过于急切惊吓着了它们，快门按下之后，蝴蝶已振翅而去。再一次拍到钩粉蝶的尊容是在大邑的拍摄基地附近，如果说冥冥中有些东西还会再次出现，那镜头中的钩粉蝶就是一首欲断还续的歌……

下午茶时光 XIAWU CHA SHIGUANG

↘

　　宽带青凤蝶的蝶翼很美，美在它的颜色。大片翠绿的色块镶嵌在相框似的黑色翅缘中间，规则感、尺度感、色彩感都刚刚好，总觉得黑绿搭配的比例范本一定跟青凤蝶有关。

　　在凤蝶科里，青凤蝶只能算中等大小。它们飞行速度较快，平常在花枝间采蜜授粉时不容易找到绝佳的拍摄角度，但它们在"就餐"时显露出的绅士般优雅吃相就给了我们较为从容的时间和可选的拍摄角度。看来，"唯有美食不可辜负"在自然界是通用的。

　　青凤蝶对食物的偏好很另类，但凡人类觉得恶心的，它们都奉为佳品，还特别喜欢吸食腐烂发臭的食物甚至动物的粪便。它们不仅不觉得恶心，就餐的模样还像是在悠闲地享受下午茶时光。

　　能充分地享受下午茶时光的美好生活，也许才是一只青凤蝶该有的日常生活。

蒺藜纹蛱蝶的『新生』

↗ JILIWENJIADIE DE XINSHENG

　　常常在想，蝴蝶深夜羽化时是一种什么心情呢？古时有庄周"栩栩然蝴蝶……不知周也"，而这看似梦幻的过程又延伸托喻出爱蝶之人多少的期盼与祝福。

　　回想蒺藜纹蛱蝶破蛹新生的那一晚，与蝴蝶一起等待，一起体验蝴蝶在新生前最危险的一次革命，直到"玉漏穿花，银河垂地，月上栏干曲"。

　　这就是昆虫摄影人的日常生活，每一次拍摄，每一段相守，如同上演的一出出内心戏：表面波澜不惊，惊涛骇浪都在心里。待日后漫长岁月里再细细咀嚼、反复品味这影像的悠远，情意的绵长。

芳·华

　　春天，每个人走在去往春天的路上，闻着次第飘来的花香。一个花信接着一个花信地到来，你喜欢梨花带雨，她喜欢樱花飘坠。草莓还没有吃过瘾，心里又开始惦记着桑葚的香甜。

　　立春、雨水、惊蛰、春分、清明、谷雨，走着走着，春天就快要过去了。

　　春天的保质期太短，仅次于一朵花开的时间，仅次于丝带凤蝶破蛹时若有若无的欢叫，仅次于新茗入口，唇齿的香碰到舌尖……

　　春日尽，绿肥红瘦的夏天就到了。

"浔阳江畔"的蝶音

XUNYANG JIANGPAN
DE DIEYIN ↗

"……犹抱琵琶半遮面。……未成曲调先有情。"白居易《琵琶行》中的诗句用在这只美凤蝶身上,很是贴合。

寂静而漫长的夜晚,美凤蝶被四周温柔的光包裹着,就连叶片后的阴影,也像是在接受肃穆的洗礼。它并不急着飞走,尽管没有王子猷"乘兴而行,兴尽而返"的那份潇洒,但在摄影人眼里,自有一份亲昵。

一半羞涩一半娉婷地陪伴了大半个晚上,像是我和它之间一次意外的以心相许,正如"初闻不知曲中意,再听已是曲中人"。

那一世,不知蝴蝶是否也在浔阳江头哼唱过这曲《琵琶行》。

极致之美

JIZHI ZHI MEI

　　章诒和在《四手联弹》里曾说事物"美到极致，心却空旷"，用这句话来形容一只碧凤蝶的羽化再合适不过。

　　观看凤蝶的羽化过程是一种享受，语言在那一刻变得贫乏，这或许就是我们常说的艺术某些时候不能言传。

　　有谁能否认凤蝶的蜕变过程其本身就是一件艺术品的完成过程呢？

　　它像一朵花在夜色中开放，在月光下舒展美丽，引领我们的视线，触动我们的神经，不经意间就把它的美融进了相机，融进了生活，甚至融进了我们的生命里。

"谷雨",百谷滋长。

　　田间、畦畔,那些未经打理的地方,一丛丛的苎麻正茂密生长,苎麻珍蝶就在这些看似凌乱不堪的植株里上演着一出出生命史。绢质的翼翅,纤长的身姿,阳光般温暖的黄斑和纵贯周身的墨线,撞击着眼球。眼睛顺着植株枝条移动,一个个斑斓的蛹倒悬着,入定般做着丰美穗子的梦。

谷雨时的
苎麻珍蝶

GUYU SHI DE
ZHUMAZHENDIE

隐匿于自然的精灵——三尾褐凤蝶

YINNI YU ZIRAN DE JINGLING SANWEIHEFENGDIE ↗

　　三尾褐凤蝶是列入国家二级保护动物名录鳞翅目中的四种之一，更是中国的特有种，1963 年我国邮电部曾发行过三尾褐凤蝶的邮票。

　　2016 年 5 月，循着满山盛开的大百合芳香与队友姚著、王超在山林拍摄时，竟与它不期而遇。这是名副其实的隐匿于自然中的精灵，遇见它，霎时被这斑斓的色彩所打动。惊喜的是，如此难得的场景，手中的相机让影像永恒定格。

　　对于这样的精灵，没有人类出现的地方，就是它的伊甸园。片刻的驻足后，在它的眼中是我们渐渐远去的背影。

一名叫阳阳的小朋友在大邑青龙乡游玩时捉住了一只准备预蛹的美凤蝶幼虫并带回成都，跟随我们拍摄团队一起外拍观察过虫子的他，对常见的昆虫并不陌生，知道我可以拍出漂亮的虫虫图片。这不，吵着要看"肥猪儿虫"如何变成美丽的蝴蝶，天天坚持到我这里"打卡"。

蝴蝶从蛹里醒来的那个清晨，阳阳还在梦中。只是不知孩子的梦里，可有柑橘树的芳香？那是美凤蝶振翅展翼，望曙光飞去时留下的味道，是它在羽化前"胎教"的栖身之地。

孩子的
梦中之蝶 HAIZI DE ↗
MENG ZHONG ZHI DIE

LED 手电筒下的 菜粉蝶

LED SHOUDIANTONG
XIA DE CAIFENDIE

这只普通的菜粉蝶拍摄于成都近郊的蒲江风景区,时间是 2008 年 7 月。

2008 年,周围夜拍昆虫的摄友逐渐多了起来,随着经验的积累也初步确立了自己相对固定的夜拍方式,只是在用光上还不像现在这么考究。

这张图片是当时较为满意的一幅作品。那时,拍摄光源主要用 LED 手电筒作为补光方式:一只手电筒从正面强化菜粉蝶的翅面纹理,另一只手电筒把后面的叶子打透,使整体色调在白、绿、黑的相对比例中得到统一协调。

夜拍蝴蝶对于喜爱昆虫摄影的摄友来说并不陌生。在 LED 手电筒的光影下,蝴蝶翅脉呈现的几何纹理和整体带来的静谧意境常常令人惊叹不已。

会飞的花朵—— 金凤蝶

HUIFEI DE HUADUO JINFENGDIE ↗

　　初见这只金凤蝶的末龄幼虫时，它正扭动着肥硕的身躯在茂盛草丛里愉快用餐，再见它时，它已经成功羽化，蜕变成夏日里一只"会飞的花朵"。预蛹—化蛹—羽化，是一只蝴蝶重要的生命历程，就像是一条经蝴蝶精心设计的，为飞翔之路铺陈的大道。

　　"还记得年少时的梦吗？像朵永远不凋零的花。"对于金凤蝶而言，生命有时是一只蛹，当它热情拥抱梦想时，生命是一只金色的蝴蝶。

桃色之翼

TAOSE ZHI YI ㄴ

　　局部化、特写化的翼翅拍摄，往往带来更大的张力，让看似平静的翼翅下隐隐透出蠢蠢欲动的暗涌，撩拨起的是一个春天般的梦，以及重返山野的欲望与希望。尾翼的几块月牙形桃色斑纹，好似别着朵朵桃花准备启程，那就跟随着画面来一场说走就走的"桃色之旅"吧！

6月的西岭雪山，青翠繁盛，山花烂漫。阳光下的山路间，随时都能看见彩蝶飞舞的景象。在溪水漫过山路的湿地上，只只蝴蝶忘情吸水嬉戏，像簇簇盛开的花朵随风摇曳。张爱玲的好友炎樱说："每一个蝴蝶都是从前的一朵花的鬼魂，回来寻找它自己。"那么空留下的满山野花是蝴蝶幻化成的魂灵吗？倘若有那么一天，连大自然的花魂都没了，那么，蝴蝶又将在何处找？花儿又将在何处寻？

花魂

↗ HUA HUN

星空下的
枯叶蛱蝶

XINGKONG
XIA DE KUYEJIADIE ↗

　　枯叶蛱蝶以其逼真的枯叶拟态被世人知晓，尽管它的这种伪装只是为了抵御天敌。呈枯叶的那一面是蝶翅的反面，其实它的正面有着非常艳丽的色泽，但它很"吝啬"，一般不肯轻易示人。

　　当这只枯叶蛱蝶以正面艳丽的蓝紫光和两条橙色彩带舒展在我面前时，我兴奋得像发现了一颗新彗星，久久注视着那个焦点，如同凝望星空一般。耳边，是收音机传来的歌剧咏叹调《今夜无人入眠》，"今夜无人入眠，……爱和希望令星光颤抖……"

城郊剪影

　　暮秋初冬时节，大多数的蝴蝶已经无迹可寻，而在某个"秋阳高照"或者"初冬暖阳"的和煦日子，却能不时看到一些灵动的剪影——黄钩蛱蝶。这对于一个昆虫摄影人来说是莫大的幸福，如果还能意外收获一只刚刚羽化的黄钩蛱蝶，简直就是"双喜临门"了！

　　在城市小区荒废的杂草地，或者城郊接合的荒地附近，非常适合作为黄钩蛱蝶出现的背景。它们就停落在阳光洒落的石墩、杂草上，享受暖暖的日光浴。橘黄色翼翅上散落的黑色豹纹斑点特别醒目，翼翅反面的图案有人说像枯树皮，有人说像地球板块分布图。但我觉得黄钩蛱蝶最有特色的是它不规则的翅缘剪影，像一幅栩栩如生的剪纸，映贴在当今高速发展的城郊之窗上。

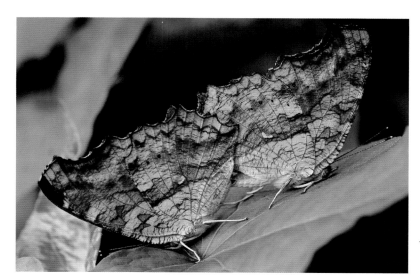

高贵的鹤顶粉蝶

GAOGUI DE
HEDINGFENDIE ↗

2012 年 11 月，带领着队友姚著、陈献勇再次来到尖峰岭"中国林科院热带林业研究所试验站"进行昆虫拍摄。相较第一次，这次的拍摄更有针对性和目的性，鹤顶粉蝶就是此行的拍摄目标之一。

到达拍摄地三天后，终于见到了日思夜想的鹤顶粉蝶。阳光下，在一群狂欢的蝴蝶中，一只飞行姿态明显比其他蝶灵动，振翅频率快而有力，翅面以乳白色为基调，仅在前翅边缘分布有醒目的赤橙色斑纹的中型蝴蝶飞入大家的视线，大家不约而同地惊呼："鹤顶粉蝶！"

白天无法拍摄到它的影像，却在入夜的林间再次觅得它的踪迹。灯光下，快门声响成一片，那激动的场景，至今仍记忆犹新。

飞天神韵

↗ FEITIAN SHENYUN

丝带凤蝶是踏着飞天的舞步展现在我们面前的。它飞行时翼翅扇动的频率短促而快，有些像T台上模特的碎步，径直飘过。当视线刚刚适应它的节奏，它却突然一个漂亮的转身，滑进另一条轨道。素白的翅面上饰有醒目纤细的黑色条纹带，一袭如梦似雾的绢衣，不染纤尘，宛若清扬在猩红斑驳的花蕊间。

"素手把芙蓉，虚步蹑太清。霓裳曳广带，飘拂升天行。"

拍摄的这两只丝带凤蝶处处透着一股仙气，似敦煌壁画上的仙女踏着飞天的舞步缓缓飘来，相约在温暖纯净的小时光里，轻轻地、芬芳地活着。

蜕变
↖ TUIBIAN

在我的摄影博客里，有这样一段文字记述：

"2010年11月5日到2011年4月20日，历时160多天，我和它都在等待这一刻的到来……今晨4点到8点，目睹了整个羽化过程，9点过，这只漂亮的蝶儿迎着一缕阳光展翅高飞了。"

每次看到这组图片都无比感慨。5个多月，160多天，时时观察，小心"伺候"。想想数九寒天里人与蝶的相守相伴，一句"谁曾是你冷热相知的隔壁，谁曾是你咫尺天涯的邻居"形象地诠释了彼时的心情，我仿佛也同它一起经历了一次蜕变。

时间之舞

SHIJIAN ZHI WU ↗

　　蜉蝣在成虫期不进食,寿命极短,一般只活几小时至数天,所以有"朝生暮死"的说法。蜉蝣也是中国文人骚客心仪的对象,《诗经·曹风》就歌唱过。这小生命的翅膀,像一件轻薄透亮的衣裳那样精致素雅,但这种美丽又是多么地来之不易,且只有一瞬的光阴,宛如昙花一现。"寄蜉蝣于天地,渺沧海之一粟。"古人从蜉蝣短暂的生命历程感发生命之脆弱、时光之匆匆。

禅定的蜉蝣

CHANDING DE ↗
FUYOU

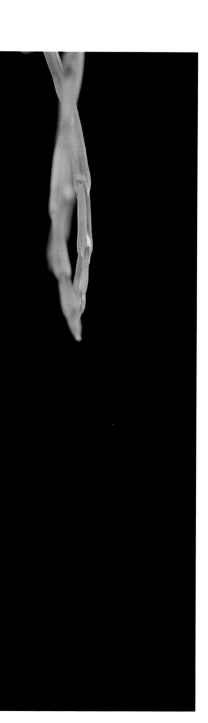

　　入夏的夜晚，小山村静谧安详地沉睡在它的黑夜里，清新的空气中透着丝丝凉意。

　　万籁俱寂有时并不代表所有生命都在休息，对于趋光性昆虫而言，夜晚才是它们粉墨登场的时候。蜉蝣外表长得很精致，纤细的身躯令人不忍去触碰，那接近透明的体色以及从头部一直延展至尾丝的曲线，犹如舞台上最为文静的角色。它们往往"粘"在一个地方就进入禅定状态，好像多动一下都会耗费掉本就不多的能量和力气。

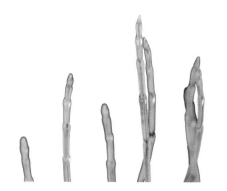

双生花

↗
SHUANG
SHENG
HUA

　　两只蜉蝣像一蒂双生的花朵，四周是红色"小音符"在枝间舞蹈。夜幕下，这些生灵宛若盛放于时间的缝隙，彼此呼应，惺惺相惜。

　　蜉蝣的生死观我们不得而知，只知道它们在有限的生命里要争分夺秒地完成繁衍的重任。活着、交配、繁衍，生命存在的目的单纯直接。

　　倘若，只给你一次盛放的机会，你将以何种姿态盛开？

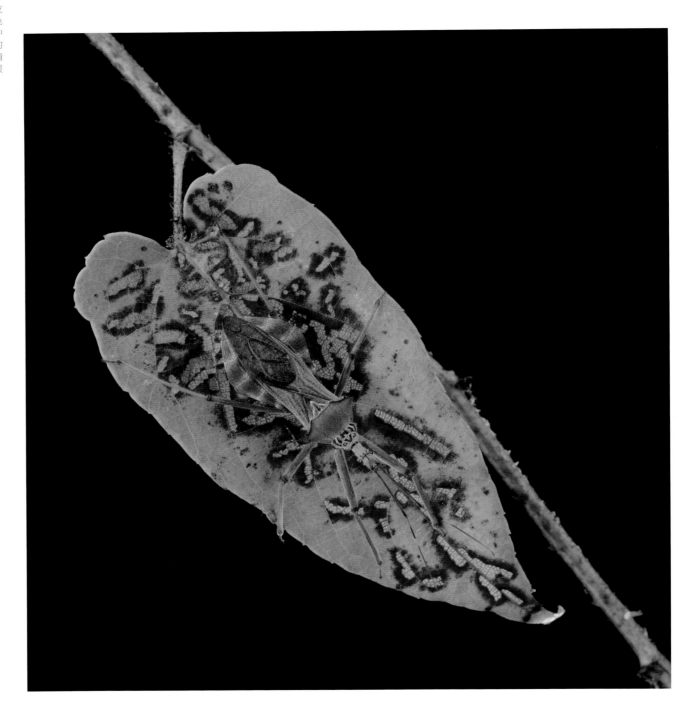

猎蝽天然的
保护色

LIECHUN TIANRAN DE ↗
BAOHUSE

　　春季完美的叶片已经变得斑斑驳驳，光滑的叶面被各种咬痕撕裂得"体无完肤"，昆虫是这场浩劫的主要肇事者。植物遭到了这些六足"强盗"的大肆掠夺，最明显的标记就是叶面的各种小洞，各种斑痕，一如图片上的叶子。

　　猎蝽体色与被虫侵蚀的叶片图案巧妙融合，这时，树叶本来的叶脉纹理被破坏了，取而代之的是"树叶采伐者"潜叶虫绘制的图案，它们成了猎蝽天然的保护色。

　　被这些"采伐者"侵蚀的叶片，都带有别具一格的疤痕：有的叶面上是大小不一的洞，有的只剩下网丝状的叶脉，有的是密密麻麻的虫斑。一些有密集物体恐惧症的人，看着这些斑斑驳驳的叶片会有强烈的不适感，而有的人却看出了艺术，这取决于你采取什么视角和心态。

没有故事的窗耳叶蝉

MEIYOU GUSHI DE
CHUANG'ERYECHAN

↗

　　这是一张没有故事的照片，见着就拍下了。它的形态，它的色泽，以及它的体形，更像是来自动漫世界，而不是地球。

　　"用镜头去记录它的细微之美，留存感兴趣的人士去品评。"

　　镜像即瞬间，连接着时间的终点和起点。它是确定的，也是不确定的。由此，才有拍不完的瞬间，道不尽的精彩，诉不尽的心经。

昆虫界的"尤达大师"

　　说起昆虫界的"外星来客"，角蝉算其中之一。头部稀奇古怪的角总让人联想到电影《星球大战》中拥有强大原力的尤达大师，一位气度平静深邃，代表着古老哲学和不朽智慧的小矮人。

　　不张扬不显摆，还老气横秋，是角蝉高超的拟态艺术和生存哲学，恰如其分地阐释了"有时候微不足道也是一种优势"的智慧。

龙眼树上的"鸡"

LONGYAN SHU ↗
SHANG DE JI

　　暴雨后的天空渐渐露出几点星光，在朱凯、黄宣钦、温游三位摄友的陪同下，来到一片果树林中，在几束手电筒光的指引下，终于见到了它的身影——久违了的龙眼鸡。它总是在第一时间吸引大家的视线，翠绿的身躯、惊艳的色彩、细密的纹理，还有那高昂的鼻梁，凸显出高傲的气质。

　　龙眼鸡是既美丽又狡猾的家伙，拍摄时经常要和它玩绕树干捉迷藏的游戏，稍有动静，它便振翅一跃，不知所踪。

身披露珠的丽沫蝉

SHEN PI LUZHU DE ↗
LIMOCHAN

　　夜色中的山林，一只身披露珠的丽沫蝉，在一抹光亮的映射下，周身大小不一的水滴应和着翅膀散发出金属般的光芒。

　　这是一个令人神往的微观世界，往往有许多被人忽视的美丽，只要驻足细心地观察，就会有所发现。此时，你一定会惊叹于大自然的神乎其神不仅体现在那些恢宏壮阔的景观中，而且也蕴藏在这些微小的生命里。

蝽之歌 ↗
CHUN ZHI GE

　　某个春光明媚的时日，雌椿象产下的几十粒卵开始集体孵化。只见它们陆续用"嘴"顶破卵壳爬出卵房，随后紧紧地拥挤在晶莹洁白的卵壳周围一动不动。它们喜欢过群居生活，不像螳螂，孵化出来就四散离去。

　　它们的妈妈没有像某些蝽妈妈那样守护着它们孵化，过不了多久，它们还要蜕皮，还要变换更艳丽的衣裳，不过此刻，它们宁愿在卵壳周围多依偎一会儿，因为那里有蝽妈妈留下的味道和祝福。

　　蜡蝉是喜欢群居的昆虫。炎炎夏季，往树林里走一遭，常常就能看见它们整齐地排在椿树上聚餐。尽管它们长有翅膀，但几乎不会飞，唯独喜爱跳跃。

　　在民间，蜡蝉有许多别名，比如"花蹦蹦""花姑娘""灰花蛾"等。它名字里带蝉，却没有蝉的外形，也不会叫；长得有些像蛾，却没有蛾的习性，更不会掉"毛"。它是观赏性很强的虫子，特别是在受到惊吓时，突然张开的翼翅上那带着金属质感的艳丽色泽，常常引来一片赞叹。

"香氛大师"——蝽

XIANGFEN DASHI CHUN ↗

　　对蝽的熟悉度是从小时候开始的，那时认识的"打屁虫""臭屁虫"一点都不好看，麻灰麻灰的颜色，全身没有光泽，还发出难闻的臭味。最令人头痛的是，它总喜欢飞到晾晒的衣服、被单上，你驱赶它，它就"慷慨"地送一味在空气中久久不散的"香氛"给你，那气味，简直"登峰造极"！嗅觉瞬间被麻痹，得花几天时间才能恢复。

　　野外昆虫拍摄，得以结识更多的"香氛大师"，看到了它们经由卵—若虫—成虫形态的诸般变化，也看到了它们在春之舞台上的各式霓裳。其实，它们在不制造"香氛"时，完全配得上艳丽、雅致、斑斓这些华丽的辞藻，一如图片中的这些蝽。

　　"香氛大师"的"香"是散发在春花烂漫时节的别样味道，也许，它正是用这种方式提醒大家记住它吧。

↗ ANYE ZHONG DE HUPO

暗夜中的琥珀

雨过初晴的青城后山，深夜的丛林里，偶尔还能听到蝉的鸣叫，在白天多蝉鸣的地方，一定会轻而易举地找到它们。

对于有着立体图形的昆虫，使用单个照明的布光方式显然是力不从心的。在这幅作品的拍摄过程中，一束由下而上的手电筒光着力于将胡蝉的翅膀打透，使其斑斓的琥珀色跃然而出，而另一束从上而下的手电光起到了照亮头部和胸部的作用。没有使用其他光源来对环境补光，其目的是为了突出胡蝉在画面上的绝对夺目感。

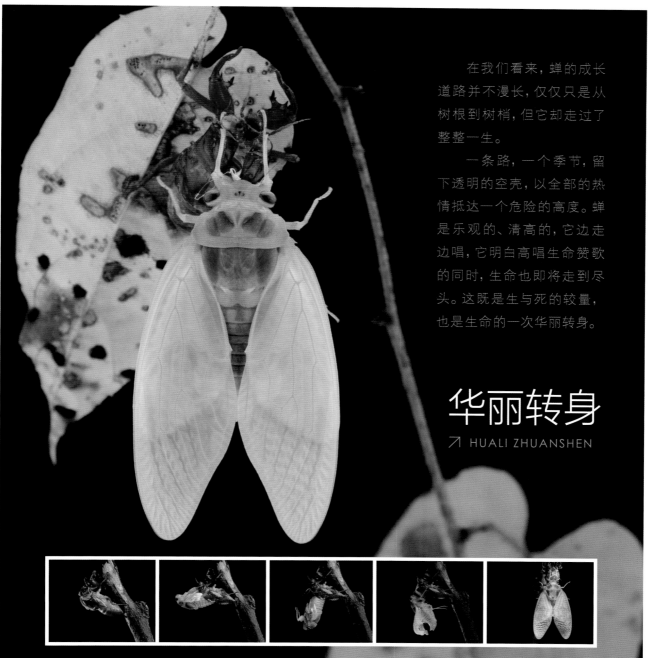

在我们看来，蝉的成长道路并不漫长，仅仅只是从树根到树梢，但它却走过了整整一生。

一条路，一个季节，留下透明的空壳，以全部的热情抵达一个危险的高度。蝉是乐观的、清高的，它边走边唱，它明白高唱生命赞歌的同时，生命也即将走到尽头。这既是生与死的较量，也是生命的一次华丽转身。

华丽转身

↗ HUALI ZHUANSHEN

作为昆虫界的歌唱家，蝉的发声既不是用嘴也不是用嗓，它的发声来自坚硬外翅里面、镶在腹肌两侧的一对特殊发声机，有点类似于"鼓室"。这个发声"鼓室"在装置方面的独特性是动物界独一无二的。

会唱歌的都是雄蝉，雌蝉都是"哑巴"，但它们有听辨雄蝉声音的特殊"耳朵"。耳朵藏在腹部，如果雄蝉的歌声足够嘹亮悦耳，精力足够充沛，那么雌蝉就会靠拢过来，与那只歌声最能打动它的雄蝉来一场夏季热恋。

"……听蝉就像听音乐会一样，要静；……心若静，天籁也就是动听的轻音乐，心若不静，小夜曲也会觉得是噪音。所以能否以一种平静的心态对待蝉鸣，不是一个爱好问题，而是一个修养问题。"胡廷武《九听》中的《听蝉》，是对蝉唱最平实、朴素的文字阐述。

夏夜，用"客似云来"形容乡下的小院一点都不夸张，"客"以趋光性昆虫为主，而且常常是不请自来。

叶蝉和蝉并不是一个科属的昆虫，尽管它们的名字都带有一个"蝉"字。从习性来讲，叶蝉喜欢玩弹跳，蝉喜欢唱歌；从体形来讲，叶蝉仅有一粒米大小，蝉是它的10倍都不止；从饮食结构来讲，叶蝉喜欢吃树叶的汁，蝉喜欢吃树干的汁。不过，它们都有共同爱好，那就是喜欢光，喜欢夜晚跑到灯下来玩。

也由此，我的镜头里常常会出现许多有趣的画面，比如"降落"在蜻蜓翅膀上的叶蝉、银杏叶上的"偷窥者"，以及画面上这两只相互陪伴的蝉。

陪 伴 ↗
PEIBAN

红眼蝉

昆虫学家法布尔先生把蝉称作"甘愿和受苦者分享成果的能工巧匠",在《昆虫记》有关蝉的描述中,他把一个广阔、深邃、神秘而有趣的昆虫世界栩栩如生地展现在我们面前,使我们不再简单地围绕蝉是害虫还是益虫进行思考,而是将昆虫世界与人的世界交融在一起,以人文精神的观点出发去探索生命世界的真实。尽管拍摄不能延伸至地下,但立足捕捉蝉一生中最美丽的时刻,通过影像细致入微又严谨真实地反映蝉原本就充满斑斓色彩却常常被忽略的美,以期重新赋予蝉脆弱短暂的生命以勃勃生机。

金蝉脱壳

↗ JINCHAN TUOQIAO

等待一只蝉羽化是件体力活。

通常，一只蝉以它的幼虫形象从泥土里钻出来后，会就近找寻树干、树枝、石块……一切可以帮助它完成"成人礼"的外部支撑点进行羽化，羽化前后持续的时间从一个多小时到两三个小时不等。

有时候，为了等待蝉背上的那条缝裂开都要很长时间。这既考验摄影师的耐心，又考验摄影师的耐力，因为你必须留心观察蝉的每一个细微变化，甚至眼睛都不能眨一下，稍有疏忽，就会漏拍掉一个关键的"向后翻转一周半"的高难度动作。

　　蝉的羽化多发生在夏季雨后的傍晚。老熟幼虫在地下用前足找到相对松软的泥土，扒出一条通道来到地面，通常情况下它会直接上树，待六足抓牢树干后还要静止约半小时羽化才开始。

　　刚脱壳的蝉身体娇嫩、洁净，体色呈半透明，像初生的婴儿一样不具备任何自我保护能力。它还要静止待上一个多小时，待体色由浅变深；待皱皱巴巴的翼翅完全舒展，由半透明变为透明；待"阡陌纵横"的翅膀变得有力，方可振翅高飞。这时，一只蝉的羽化才算真正完成。

夏季，是各种鸣蝉的多发期。一场山雨后，蝉的幼虫就陆续从地下破土而出，上树脱壳变为成蝉。只要留心观察，你会发现柳树、杨树、榆树等许多树木的树冠周围，会有一蓬一蓬的枯枝，那就是蝉吸食树汁后的"杰作"。因此，蝉是危害树木的害虫。但是，蝉又是著名的观赏性昆虫，文人墨客笔下鲜活的作品素材，蝉蜕还是中药里重要的药引子。

许多时候，好与坏、美与丑、对与错的评判标准基于的是评判者各自的利益要求，而我的影像希望缔结起人与自然的另一种解读与还原。

一对蝉蜕的空壳，内囊空空如也，六足仍然牢牢地钩住树干。

有形，有风骨！

总有些蝉，我们并不知道是哪一个种属，但这并不妨碍我们乐此不疲地去观察、去拍摄、去思考，种属的问题可以留给昆虫分类学家，留给好奇的人们去"评头论足"。我更愿意用手中的相机在暗夜去捕捉虫子们身上不易被发现的诸多"艺术特质"，以及心中的那些精灵之美。

某年的暑假，在峨眉山拍虫，路过伏虎寺，寺庙里传出有韵律的诵经声，而寺外，茂密古树上蝉声此起彼伏。诵经声、蝉鸣声交相梵唱，却一点不显嘈杂，相安甚好。

"借问蝉声何所为，人家古寺两般声。"那一刻，风静，山静，寺静，人静……

人家古寺
两般声

RENJIA GUSI ↗
LIANGBAN SHENG

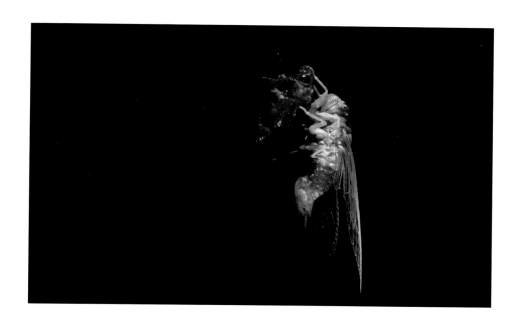

紫霞仙子

🡦 *ZIXIA XIANZI*

　　刚羽化不久的蝉翅膀很特别,像两团烟霞,不透明,颜色是乳白亚光的。它静静地伫立着,烟霞般的翅膀就像紫霞仙子身披一袭纱衣,在月色下等着至尊宝驾着七彩云来娶她。

　　其实,这如烟霞般的翼翅状态仅仅是蝉羽化过程中非常短暂的一个态势,几分钟后,如烟似雾的翼翅就会变成翅脉纵横交错的暗绿色。

　　"薄如蝉翼"谁都可以拍,但要找到自己影像的声音并非一蹴而就。每个拍摄者,通过自己独特的视角拍到独特的照片,而每一张照片,都是一个特定时刻的反映,难以重现,更无法复制。

异彩之光

YICAI ZHI GUANG ↗

对于程氏网翅蝉的期盼,可用"才下眉头,却上心头"来形容内心的复杂心情。许多次,都与它在密林里擦肩而过,那"翩若惊鸿"的身影久久印在脑海里挥之不去。

"有意栽花花不发,无心插柳柳成荫。"许多事情往往就是这样,一个偶然的机遇,终于拍到了程氏网翅蝉。

当太美的事物摆在面前时,借用张岱的话,是"耳目不能自主",只有痴痴地望着。

此时唯一能做的就是借光影的"笔",描绘出它身上的奇丽璀璨异彩。

光阴无风自动,岁月老在途中,不老的,是法布尔如阳光般的精神,始终照耀着那个有着灵性的昆虫世界。

后记: 在光影中曼舞

初夏, 是一个光影曼舞的季节; 是翼叠翼, 光叠光的季节; 是"微雨过, 小荷翻, 榴花开欲然"的季节。

光影里,《夜色中的精灵》带着我们与昆虫自然而深情的交流, 带着我们对昆虫的爱与敬意, 呈现在大家的面前。它是一本在视觉上充满审美享受的书, 钟茗利用巧妙的光影、娴熟的拍摄技巧, 展示了昆虫诗意化的自然美, 那被光影润泽的一切, 在图片上将以"不会熄灭"的模式永久留存于时间的光里。

草木、虫鸣，是我们原配的世界，是我们精神的原乡，本不应成为人类记忆长河中渐行渐远的美。观察昆虫就能知道到了什么季节，是什么物候，这便是岁时之美带来的乐趣，是一直滋养着我们的节气文化、日常生活。读罢此书若能体会昆虫独特的美丽和奇妙，对它们生出一份关怀和同理心，那便是我们的心愿。

　　这是一本凝聚着钟茗十多年拍摄历程的书，亦是我见证他十多年拍摄足迹的书。

　　十年，慢慢拍、慢慢写、慢慢遇见。

　　遇见微笑，遇见别离，遇见欢欣也遇见圆满，每一次与昆虫的"对视"，照见的也是自己的心念。那些闪亮的、并肩的、扶持的、共同经历的时光，又怎能轻易忘怀！

　　此刻，我们唯有鞠躬以谢：

　　感谢挚友安冰冰；

　　感谢队友高潞、王超、姚著、陈献勇、邹彪、何佳；

　　感谢摄友康鸣、朱凯、黄宣钦；

　　感谢亲爱的读者与我们一同分享。

　　夏天的迷人之处，是白日街头的光灿和夜晚植物的芬芳；是石榴树上藏着的朵朵火焰，每一朵都能背诵夏日时光的名字。在重逢之前，我们各自走了很长很长的路，愿，出走半生，归来仍是少年！

　　趁着有光！

奚劲梅

2018 年 5 月 26 日于大邑华山村